U0177624

不管
天气怎样

气象知识知多少

文 / [英] 史蒂夫 · 帕克　[英] 珍 · 梅特卡夫

图 / [法] 卡罗琳 · 阿蒂亚

译 / 石淼

目　录

天气无处不在！

春夏秋冬都别具一格，有着自己的天气特征。但是仅在一天、一小时甚至一分钟之内，天气也是会发生变化的。天气不是某个城镇、某个国家或某个大洲的事。无论你住在哪里，各种天气现象都会在屋外实时发生。这本书讲述了发生在我们大气层内的各种天气现象，包含各种有趣甚至是会让你惊奇的知识。

天气可能美好有趣，但有时也会糟糕得吓人。就像不同的人喜欢不同口味的冰淇淋一样，人们对天气的喜好也不尽相同。你最喜欢哪种天气呢？

也许你很喜欢雪，但却不喜欢夏天的酷热。有些人认为雷声摄人心魄，但也有些人认为雷声恐怖吓人。下雨也许令人烦恼，但踩在水坑里激起朵朵水花却很有趣。

我们无法以任何方式操控天气。就算你十分认真地许愿，希望某天能下一场雪，但结果却很可能是整整一周都在下雨。

如果你计划在户外进行某些活动，那最好先看一眼天气预报。这样你就不会在去海滩的时候正赶上寒冷的天气，或是在坐雪橇旅行时碰上过于温暖的天气。

抬头看看天空

你看到了什么？什么都没有吗？不可能！就算是蔚蓝无云的天空，也总有值得一看的东西。

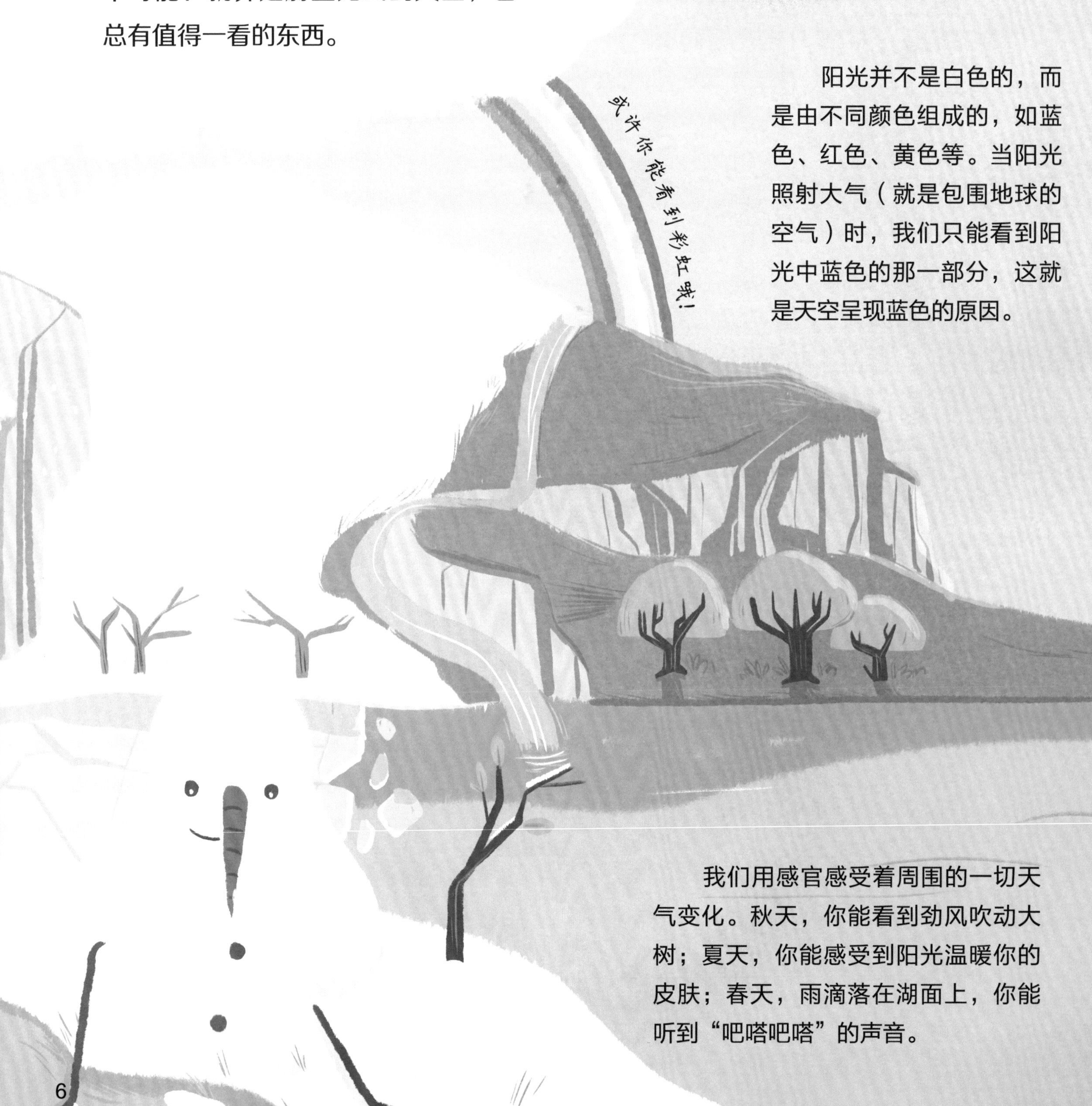

阳光并不是白色的，而是由不同颜色组成的，如蓝色、红色、黄色等。当阳光照射大气（就是包围地球的空气）时，我们只能看到阳光中蓝色的那一部分，这就是天空呈现蓝色的原因。

我们用感官感受着周围的一切天气变化。秋天，你能看到劲风吹动大树；夏天，你能感受到阳光温暖你的皮肤；春天，雨滴落在湖面上，你能听到“吧嗒吧嗒”的声音。

如果你抬起头，就可能看到：和煦的阳光、倾盆的大雨、缓缓飘落的雪花，还有那在风中簌簌作响的树叶。

就算天气连续好几天都保持稳定，也终会有变天的时候。所以，如果你时常仰望天空，就会看到天气的变化是那样多姿多彩。

闪电能将周围的空气加热到28000摄氏度，这大约是太阳表面温度的5倍！

极端天气会带来很多问题。风暴、洪涝、干旱、热浪等都是极端天气，对于发生地的人和动物来说都十分危险。

享受夏天！

暑假来了，大太阳也来啦！夏天，阳光普照，你能干很多有意思的事，比如在外面玩耍、游泳或吃冰淇淋。但一定要注意防晒，抽时间在阴凉处待一会儿，可不要被晒伤了。

太阳给地球带来热量，但你知道它也能让天气发生变化吗？如果太阳一直加热某个地方的空气，空气整体便会受热不均。这样一来，风就产生了，而风是可以改变天气的。

碧蓝无云的天空是夏日常态，白天的时候风也不会很大。这种天气是由所谓的高气压导致的，这一点我们稍后再谈。

太阳直径约为地球的110倍，就好比瑜伽球和樱桃的差异！

夏天，海水会持续吸收热量；到了冬天，则会将热量释放出来。这一现象也会影响天气。

水的升温速度要明显慢于陆地。当你正准备一头扎进海水、好好凉快一下的时候，有没有注意到沙子有多烫脚呢？

世界上有些地区全年炎热干燥，而不是只有夏季如此。

这些地区被称为沙漠。沙漠极其干燥，几乎从不下雨，而且阳光毒辣。沙漠的地面大多由裸露的岩石或者流沙组成。

当你在大热天里眺望远方的时候，会不会看到街道上好像有一汪水？但你知道，那儿根本没有水。这就是所谓的海市蜃楼。

当阳光穿越冷空气进入靠近地面的热空气时，就可能会出现海市蜃楼现象。气温的变化让光线变得弯曲，然后欺骗你的大脑，让你看到本来不在那里的某些东西。

极少数情况下，水确实会从沙漠的地下流出来，形成水洼，许多草木会在旁边生长起来。这就是绿洲。

由于缺少水和食物，大多数动植物都无法在沙漠中生存。但对于某些物种来说，沙漠就是它们的栖居地。仙人掌和骆驼就是最好的例子！

位于伊朗的卢特沙漠也许是世界上最热的地方。2005年，这里的温度甚至达到了70摄氏度。

蛇和蝎子也栖居在沙漠。它们通过打洞待在沙子内部来保持凉爽。

热带雨林也是非常炎热的地方。

热带雨林中，阳光强烈刺眼，但却和沙漠有着本质的不同——空气非常湿润，也经常下雨。这里之所以雨量充沛，是由于它种类繁多的植物。雨水落下后，树冠层的叶片吸收了大量水分，也有一部分雨水流到森林地表的土壤中后被植物根系吸收。然后，植物通过叶片将部分水分以水蒸气的形式重新释放回大气中。这些水蒸气冷却后便形成雨云，继续降水，如此不断循环。

热带雨林全年温暖，气温大多保持在25—30摄氏度之间，夜晚也是一样。

树冠层离地面很远，好些树木必须尽快生长到这一高度，因为这里是雨林中最容易接触到阳光的地方。树懒、猩猩都在树冠层的树枝间活动。

雨林中树木的树干往往很高。它们的根被称为板状根，既能防止树干倒伏，又能帮助树木从地面获取养分。

雨林的地面既不温暖也见不到阳光。厚厚的树冠层阻挡了阳光，使得地面终年阴凉昏暗。

天气中的高低压

气压就是空气对四周的物体所施加的压力。空气上升或下沉时，地面的气压便会发生变化，进而导致天气变化。

高压让天空湛蓝清澈，伴随着和煦的阳光，使得天气保持稳定平静。

冷空气的重量大于热空气。当冷空气向下流动时，地面气压升高，便会形成高压区。

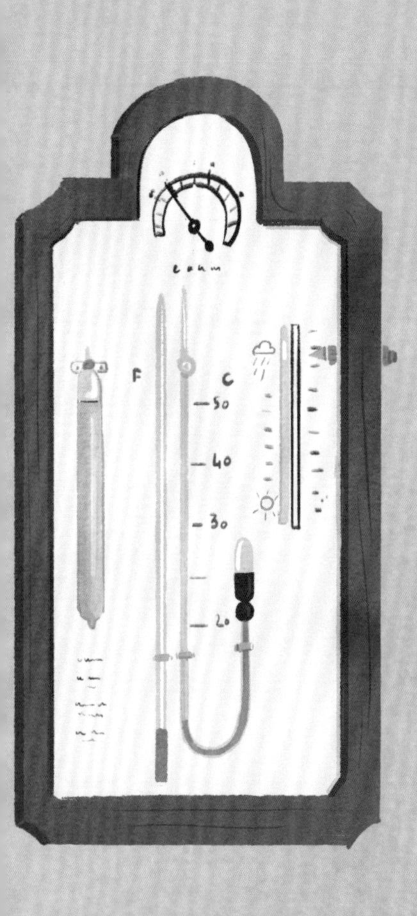

气压计是用来测量气压的仪器，可以帮助科学家预知天气。

低压会带来云、风、雨，有时还有风暴。

热空气的重量小于冷空气。当热空气向上流动时，地面气压降低，便会形成低压区。

在低压区内，空气向上流动。

形似焰火，但更胜焰火！

极光是一种神奇的自然光现象，发生在气压非常低的高层大气中。两极地区都有极光出现。要观赏这些五光十色的光带，最佳时间是在夜间——这有点儿奇怪，要知道它们本来是太阳的杰作啊！

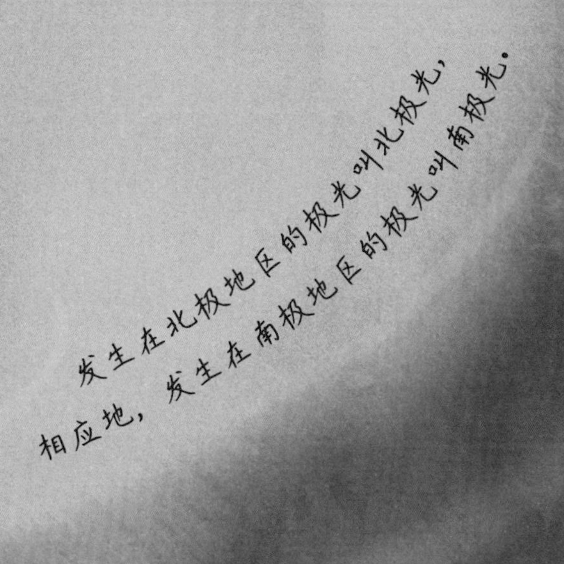

太阳无时无刻不在释放微小的粒子，有些粒子会飞往地球，形成所谓的太阳风。这些粒子通常会被地球的磁场反射掉。

但有时，太阳风会形成太阳风暴，其中的微粒能量巨大，足以击穿地球磁场。于是，这些微粒便与地球大气中的不同气体发生碰撞，形成极光。

夜空中，你能看到什么颜色的极光，取决于太阳风的微粒与哪种气体发生碰撞。

洋流让大海动了起来！

海洋对我们的天气影响很大。暖流会将太阳的热量带到寒冷的地方，寒流则会让炎热的地方温度下降。这样，地球就不会过冷或过热，更加有利于人类和植物、动物的生存。

北美洲

……墨西哥湾暖流途经
美国佛罗里达州

……再北上流经美国
和加拿大东海岸

……洋流继续运动，
形成北赤道暖流

海水按照一定的规律流动，便形成了洋流。风、地球自转、温度及海水的盐度等都是洋流的驱动力。这里你看到的是墨西哥湾暖流，它源自墨西哥湾，温暖的海水跨越大西洋海域，最终到达欧洲及北非地区。

南美洲

墨西哥湾暖流等各种洋流只是大洋环流的一部分。环流就是以特定的方式旋转运动、规模遍及整个大洋的洋流圈。本页你看到的是北大西洋环流。在北半球中低纬度，环流以顺时针方向运动；而在南半球中低纬度则刚好相反，环流以逆时针方向运动。

秋风吹起

秋天，天气转凉，绿叶变换了色彩，风也随之劲吹起来。和其他天气现象一样，风的驱动力也是太阳。站在强风中，有时你会觉得自己要被吹跑了！

看看树被吹向何方，你就能知道风向。

强风会让野餐泡汤，也会让行走变得非常艰难，甚至会把树木吹弯。如果一个地方全年多强风，树木就永远长得弯弯的。

还记得我们说过的高低压吗？风和风暴就是受它们影响而产生的。

太阳加热地面的同时，也会加热空气。近地面被加热的空气因此而上升，在地面形成一片低压区。附近的高压冷空气随即向这里流动，弥补它流失掉的空气。这样的空气运动就形成了风。

轰隆，噼啪，雷暴来啦！

雷暴会带来电闪雷鸣和狂风骤雨。雷暴云又高又大，让周围的一切都笼罩在黑暗中，即使是中午也一样。

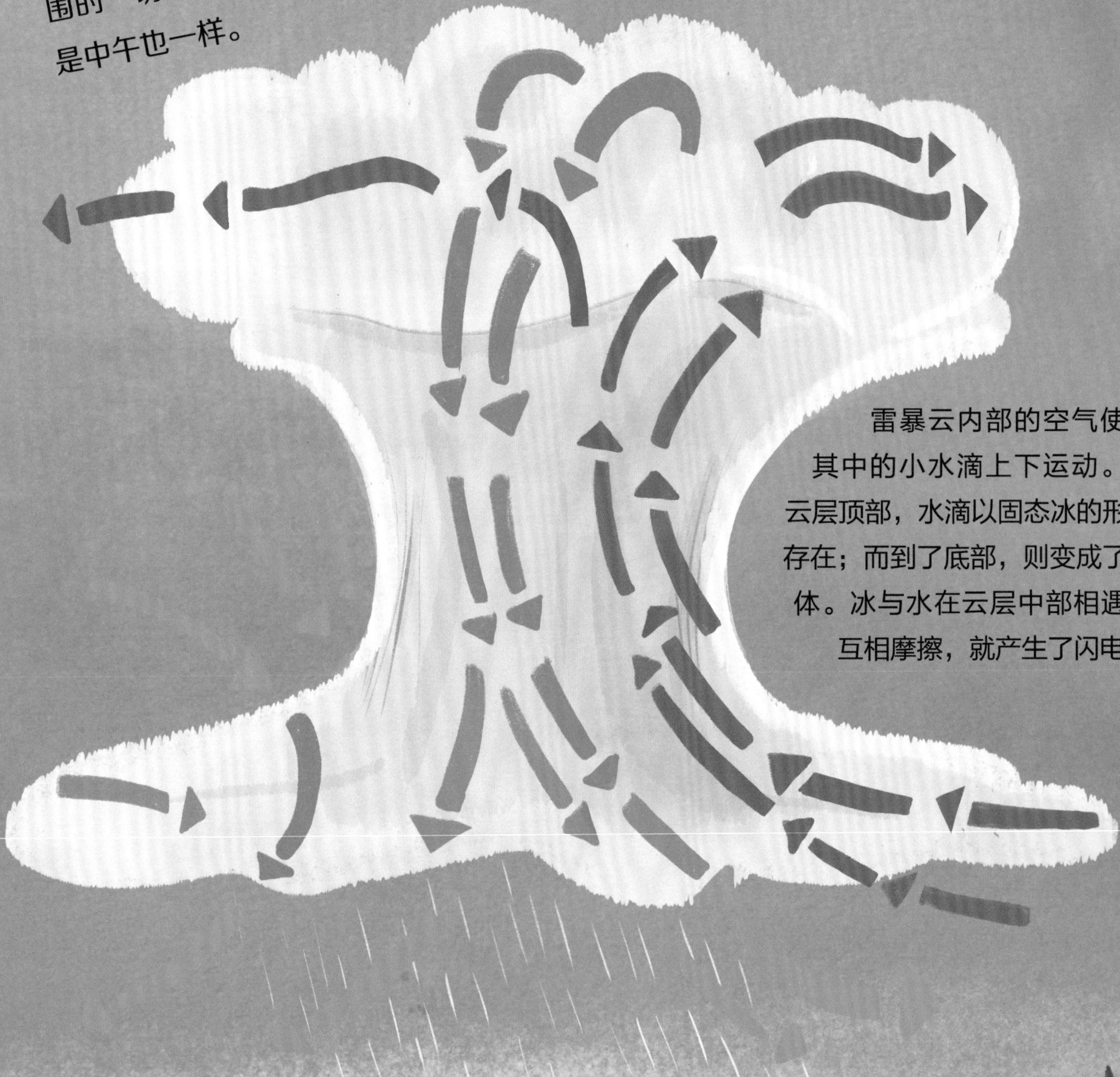

雷暴云内部的空气使得其中的小水滴上下运动。在云层顶部，水滴以固态冰的形式存在；而到了底部，则变成了液体。冰与水在云层中部相遇，互相摩擦，就产生了闪电。

你可以利用闪电与雷声来计算一场雷暴距离你到底有多远。看到闪电以后，立刻开始计时，直到你听到雷声。雷声在3秒钟之内大约可以传播1公里。所以，你只需要把所记录的时间除以3，就可以知道闪电发生在几公里之外。比如，你记录的时间是10秒钟，那就意味着这场雷暴发生在大约3公里外的地方。

雷暴尽管激动人心，但也十分危险。所以，知道如何在雷暴中保证自身安全很重要。

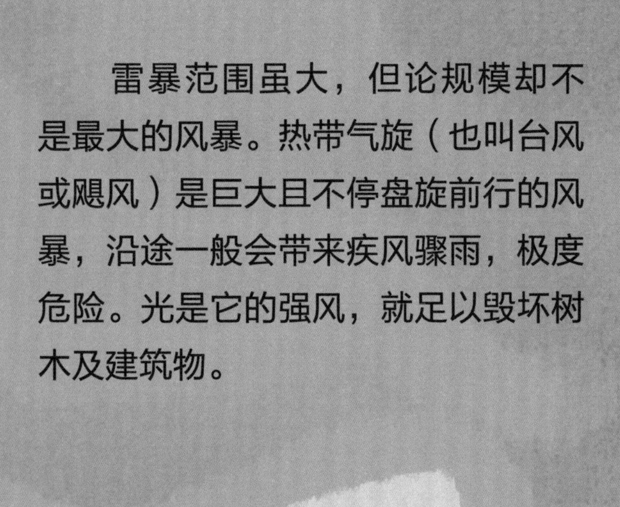

雷暴范围虽大，但论规模却不是最大的风暴。热带气旋（也叫台风或飓风）是巨大且不停盘旋前行的风暴，沿途一般会带来疾风骤雨，极度危险。光是它的强风，就足以毁坏树木及建筑物。

热带气旋是在热带洋面生成的。这些地方靠近赤道，水温常年较高。

风和云开始以极快的速度旋转。
当风速达到每小时120公里时，这个风暴就
成了热带气旋，它中心的空洞叫作风眼。

穿越迷雾

你对雾的认知是什么样的呢？有人认为雾很漂亮，也有人认为雾怪异可怕。起雾时，你很难看清前方较远的地方。

雾由近地面空气中悬浮的液态小水滴组成。换句话说，雾实际上就是靠近地面的云！

雾的种类很多。如果天气晴朗无云，伴有微风，而且近地面存在湿润空气，就会形成地面雾。在无云的夜晚，热量散失到空中后，地面会迅速降温。之后地面上方空气中的水蒸气便会凝结成小水滴，于是便产生了雾。

浓雾会让能见度降低到1000米以内。这就是浓雾天气会使航班延误的原因：飞行员看不清远处，以致无法降落飞机。

雾中行走务必注意，谨防迷路。

有时候，雾会突然出现，又很快散去。也许你一眨眼，它就无影无踪了。

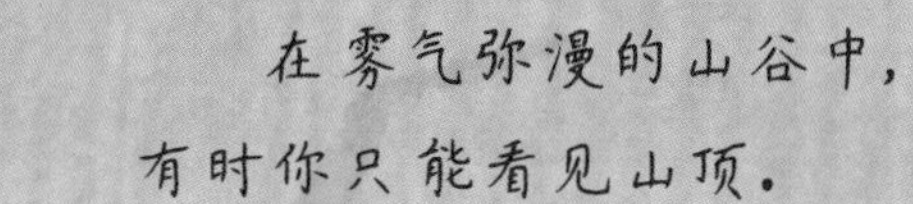

在雾气弥漫的山谷中，
有时你只能看见山顶。

冷空气沿着山体下沉后，汇聚在山谷中，形成谷雾。

还有一种雾，在温暖、湿润的空气吹拂过冰冷的湖面时产生。湖水会让暖空气降温，于是便在湖面上产生大片雾气。

冬天来啦，看看雪吧！

冬天寒冷潮湿，常有多云天气。一年中，当地球的某个地方距离太阳最远时，这个地方就进入了冬季。这时，到达这里的太阳光热会减弱，白昼缩短，夜晚变得寒冷而漫长，天气也变得更加多云。有时，冰晶从云朵中落下，变成洁白蓬松的薄片，这就是雪。

某些树在冬季会掉光叶子，这就是所谓的落叶木。对于树木来说，这确实是明智之举。因为树叶需要大量水分，但冬季天寒地冻，树根根本无法吸取足够的水分供给它们。

云层内的温度降到0摄氏度以下时，水蒸气就会凝结成微小的冰晶。许多冰晶聚在一起，凑成六边形，就成了一片雪花。在巨大的云层中，每秒都有数百万片雪花诞生，但没有任何两片雪花是完全一样的！

雪云位于天空低处，通常呈浅灰色。

云层内部的冰晶越厚，
水滴越大，
云的颜色就越深。

积雪看上去就像一片银白色的地毯，而它的作用也像地毯，能使被它覆盖的地方稍微暖和一点儿。这样看来，积雪下面会有植物生长也就不足为奇了！厚厚的积雪对于补充土壤水分也很重要。积雪慢慢融化成水，缓缓流到树木根部，为它们提供水分，帮助它们熬过炎热干燥的夏天。

泥泞的雪、嘎吱嘎吱的雪、像粉末的雪、结硬壳的雪……在多雪的地方，人们会用很多词语来描述雪。比如苏格兰地区，像这样的词语有400多个！

玩雪特别有意思。我们可以滚雪球、堆雪人，还可以用雪做一些小动物。历史上，有人堆过40米高的雪人，这是世界上最高的雪人。

日本是世界上下雪最多的国家之一。每到冬天，日本的个别城市便会迎来累计超过15米的降雪。而城市附近的高山地区，降雪量还会更大，有的甚至达到城市降雪量的2倍。

生活在多雪地区的人，总会在车里预备几条防滑链。将它安装在轮胎上，可以使轮胎获得更大的抓地力。

大雪会阻塞公路、铁路及机场跑道。高大笨重、动力强劲的铲雪车可以将雪铲到道路两旁，让交通得以恢复。

天气变了，雪云消失不见，太阳重新出现在天空中，雪融化成了水。但如果雪融化得太快，就会导致另一种冬季里的大麻烦——洪水。历史上由融雪导致的最糟糕的一次洪水，水深甚至超过了15米。好在大部分融雪导致的洪水没有那么严重，但从高处奔涌而下的溪流和河水还是会淹没农田和道路。

气温下降到0摄氏度以下后，水便会结成冰。冰并不会沉到湖底。就算湖面的冰层非常厚，湖面下的水也会保持液态。这对湖里的鱼来说是一件好事，但对人来说可就不一定了，因为走在结冰的湖面上非常危险。

对很多动物来说，冬天可不好过。有些动物——比如灰熊——会选择一觉睡到春天，这种现象叫作冬眠。也有些动物——就像上面这匹狼——会长出厚厚的皮毛用来御寒。冬天里，我们都需要好好保暖！

湖面的冰层看上去很结实，但有时也许十分脆弱，非常容易破裂。

冬季，动物们寻找食物也会变得更加艰难。

野兔也会呼呼大睡，度过冬天的大部分时光。

你去的地方海拔越高，气温就越低，雪也就下得越多。这就是世界最高峰——珠穆朗玛峰——常年都处于冬季的原因。高山地区除了全年极寒之外，空气中的氧气含量也更低，所以在这种地方，你的呼吸会变得困难。

一副厚厚的手套是登山必备的物品。

一双好靴子能防止你在冰面上打滑。

海拔越高，阳光越强。阳光照在雪上发生强烈的反射，会导致雪
盲症。佩戴特制的眼镜，能帮助你在这种情况下看清东西。
登山者会携带巨大的背包
并在山腰处露营。

气候变暖

季节由冬入春后，气温自然会回升。但气候专家发现，过去几个世纪里，地球温度上升得十分迅速，而这主要是由人类活动造成的。气候变暖已经改变了世界各地的气候，同样也改变了天气状况。

天气和气候是两个不同的概念吗？答案是肯定的。我们之前学习过，天气每天都在发生变化，而气候指的则是某个地区在很长一段时间（通常是30年）内的代表性天气。

某个干旱的地区，现在却连年多雨，这就是气候变化的一个例子。那么，我们如今面临的气候变化问题到底是如何产生的呢？

地球上的人口越来越多，每个人都要保暖、做饭、用电。大约200年前，我们开始大量使用煤炭、石油、天然气等燃料，以便为工厂、蒸汽火车等提供动力。后来，我们又用燃料来驱动汽车、飞机，并为我们的房子采暖。

通过减少温室气体的排放，可以避免让大气层过度受热。这样一来，我们就能扼制全球变暖和气候变化了。

燃烧这些燃料会向大气中释放大量温室气体，如二氧化碳和甲烷。这些气体会拦截大气中的热量，使地球表面温度升高，这和温室为植物提供温暖的空气是一个原理。

春天，小雨淅淅沥沥

卷云由冰晶组成，
它们看起来好像一条条棉花糖。

卷云一般出现在距离地面6000米
以上的高空。

小雨是从云朵中来的。云可以饱满蓬松，也可以纤细平直。甚至有时候，它们看起来就像某种可爱的动物，或是一条条巨龙。那么，云到底是由什么组成的呢？

云，就是飘浮在空中的小水滴或冰晶。温暖空气上升后，会在高空中凝结成小水滴或冰晶，这些水滴或冰晶聚在一起，便形成了云。

坐飞机是看云的一种好方法，但是飞机燃料燃烧排放的
废气会导致气候变化，所以我们还是少坐飞机为妙。

云并不总是呈白色。云的颜色可以告诉你天气怎样、现在是什么时间，或者空气质量如何。

就像这个热气球，云之所以能够飘浮，是因为热空气给了它们向上的推力。

在云团里面，人的视野是很有限的。那么，鸟在云团中穿梭时，是怎么做到不迷路的呢？据推测，鸟可以感知地平线的位置，还可以探测地球的磁场，这样一来，它们便可以一直朝着正确的方向飞行。

白天，云保护我们免遭太阳紫外线的伤害；夜晚，云则让我们的生活环境不至于变得太冷。云还能提供动植物生存都需要的雨水。要是一朵云也没有，地球上的生活会变得非常艰难。

有些云堆叠得特别高，
如果你坐着电梯从它们的底部升到顶部，
那得花上整整40分钟！

你注意过吗？雨后的空气中有一股泥土的味道，很好闻，甚至有一种专门的说法，叫作“雨后泥土的芳香”。雨水落在干燥的泥土上，会产生包裹着泥土香味的小泡泡，小泡泡破裂后，这种泥土的清香就散发到空气中啦！

水是极其重要的，没有水，地球上也就不会有生命存在。水在地球与大气之间永不停歇地往复运动，这个过程就叫水循环。

雨水是水循环的一部分。我们总认为雨天很烦人，每逢下雨，我们就不能尽情地在户外玩耍了。但事实上，雨水是大自然给我们的恩典：没有水，人类根本无法生存。而且，踩在雨后的泥泞中，发出“吧唧、吧唧”的声音，也别有一番趣味呢！

水蒸气上升到高空中，然后冷却。

来自太阳的热量把海水蒸发为水蒸气。

草木从地面吸收水分。

你见过彩虹吗？

彩虹就是天空中神奇而多彩的弧形物。彩虹看起来很真实，但其实只是一种幻象。下雨时，空气中充满了小水滴，阳光照到这些水滴上，就产生了彩虹。

光由很多种颜色构成。阳光穿过空气中的小水滴时，传播速度会降低，并且发生弯曲。这种弯曲会把阳光中的不同色彩分开来，这样我们就可以看见它们了。

不同颜色的光穿过小水滴时会有不同的弯曲度，所以，彩虹中的不同颜色总是以相同的顺序排列，即赤、橙、黄、绿、蓝、靛、紫。

没有雨，
我们就看不到彩虹啦！
你尝试过走到彩虹跟前吗？这是不可能的！
因为彩虹与你的距离是不变的，你朝它跑得再快也无济于事！
实际上，有些彩虹是完整的圆形，
但你要站得足够高，才能看到它的全貌。

气象站到处都有。这个气象站建在小山上。此外，在峡谷、洞穴、桥梁或者摩天大楼上，你都能见到它们。

看，那儿有一块太阳能电池板，它能保证气象站的电力供应。这样一来，各种仪器生成的信息就能被气象站完整地记录下来了。

明天会是大晴天吗?

看看天气预报吧！天气预报很重要，能帮我们做好日常规划，还能让农民们知道何时播种，这样我们才能有充足的食物。此外，天气预报也能让我们提前知道危险的天气，做好准备，保障自身的安全。

预测天气是一项需要技术的工作，专门做这项工作的科学家叫气象学家。

气象学家利用气象站监测大气层中的活动，气象站中有大量仪器，能帮助科学家预测天气。

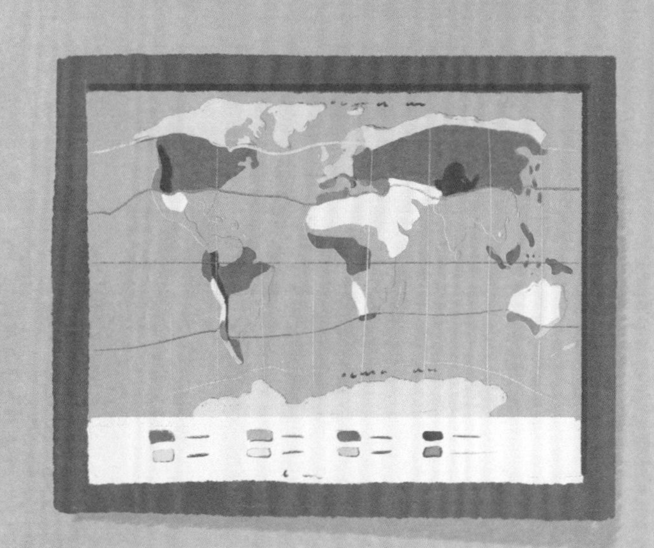

那么，在这些仪器发明之前，人们又是如何预知天气的呢？

有一种方法是观察动物。人们认为，如果某种天气即将来临，那么动物的表现可能会与平常有所不同。

你知道吗？天气温暖时，蟋蟀的叫声频率比较高；反之，则频率变低。蟋蟀能帮我们计算气温。只需要数一下蟋蟀在1分钟内叫了多少次，减去40，用这个数除以7，再加上10，就能知道周围的气温大概是多少摄氏度了。［多贝尔定律：TC=10+(N−40)/7，TC代表摄氏温度，N代表蟋蟀每分钟鸣叫的次数。］

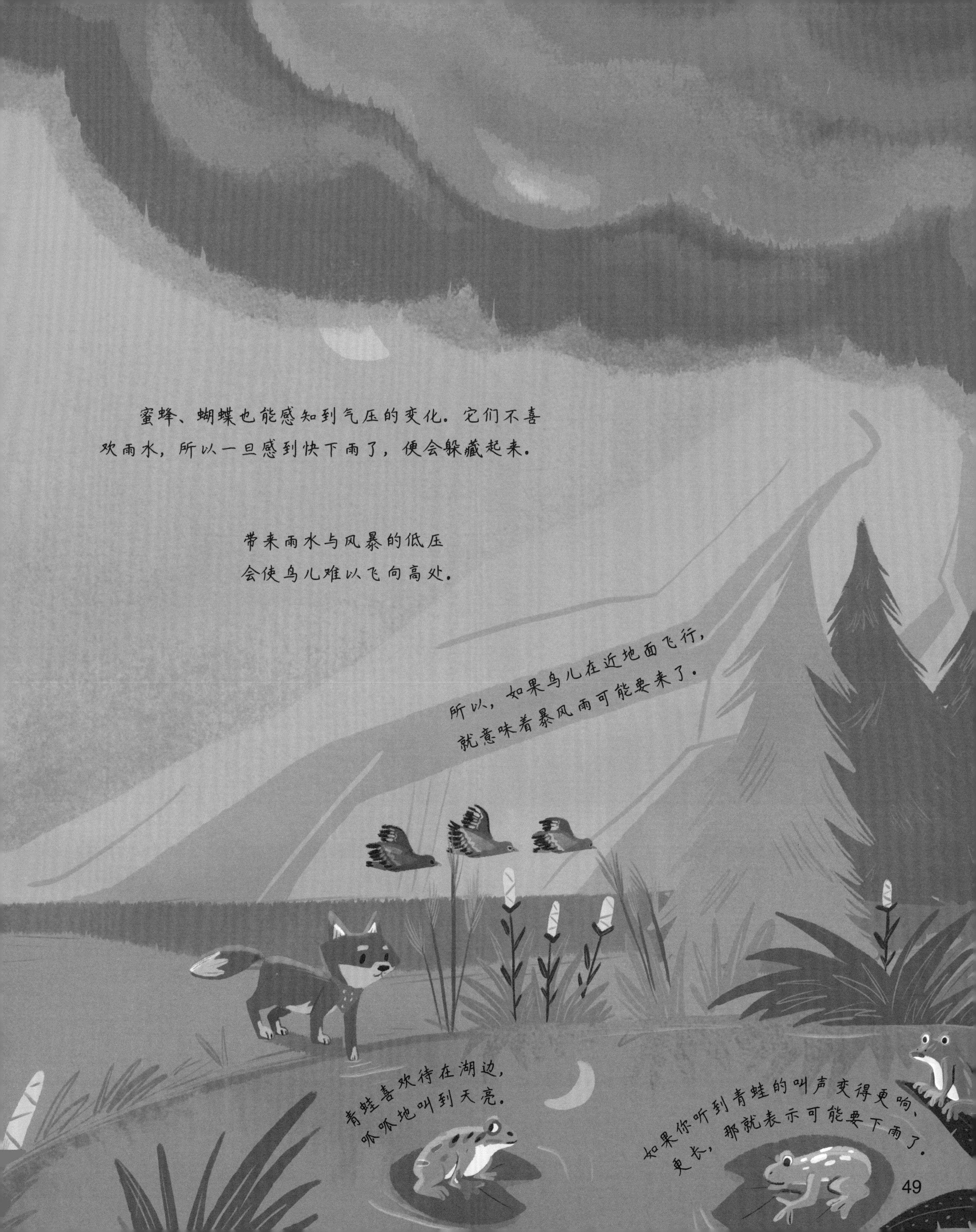

蜜蜂、蝴蝶也能感知到气压的变化。它们不喜欢雨水，所以一旦感到快下雨了，便会躲藏起来。

带来雨水与风暴的低压会使鸟儿难以飞向高处。

所以，如果鸟儿在近地面飞行，就意味着暴风雨可能要来了。

青蛙喜欢待在湖边，呱呱地叫到天亮。

如果你听到青蛙的叫声变得更响、更长，那就表示可能要下雨了。

建在地面的气象站虽然很有用，但却无法将世界各地的所有天气都记录下来。气象卫星则能为我们提供全世界的气象云图，这些云图非常重要，因为任何一个国家的天气都与整个世界的气象变化息息相关！

太阳能电池板可以利用太阳的能量为卫星提供电力。

气象卫星会记录云、雪、冰等的变化信息，也会监测地面及海洋的温度。

有些气象卫星始终悬停在地球某个地区的上方，从高空监测这一地区的天气变化。还有一些卫星围绕地球运转，在北极和南极之间来回运动。这些卫星高度较低，能提供细节更加丰富的气象图片。

气象卫星把信息发送回地球，由超级计算机收集起来。这些计算机功能强大，能处理大量数据，帮助气象学家预测天气。这样，我们就能在电视、手机、电脑上看到天气预报了。

气象卫星是用火箭送入太空的。

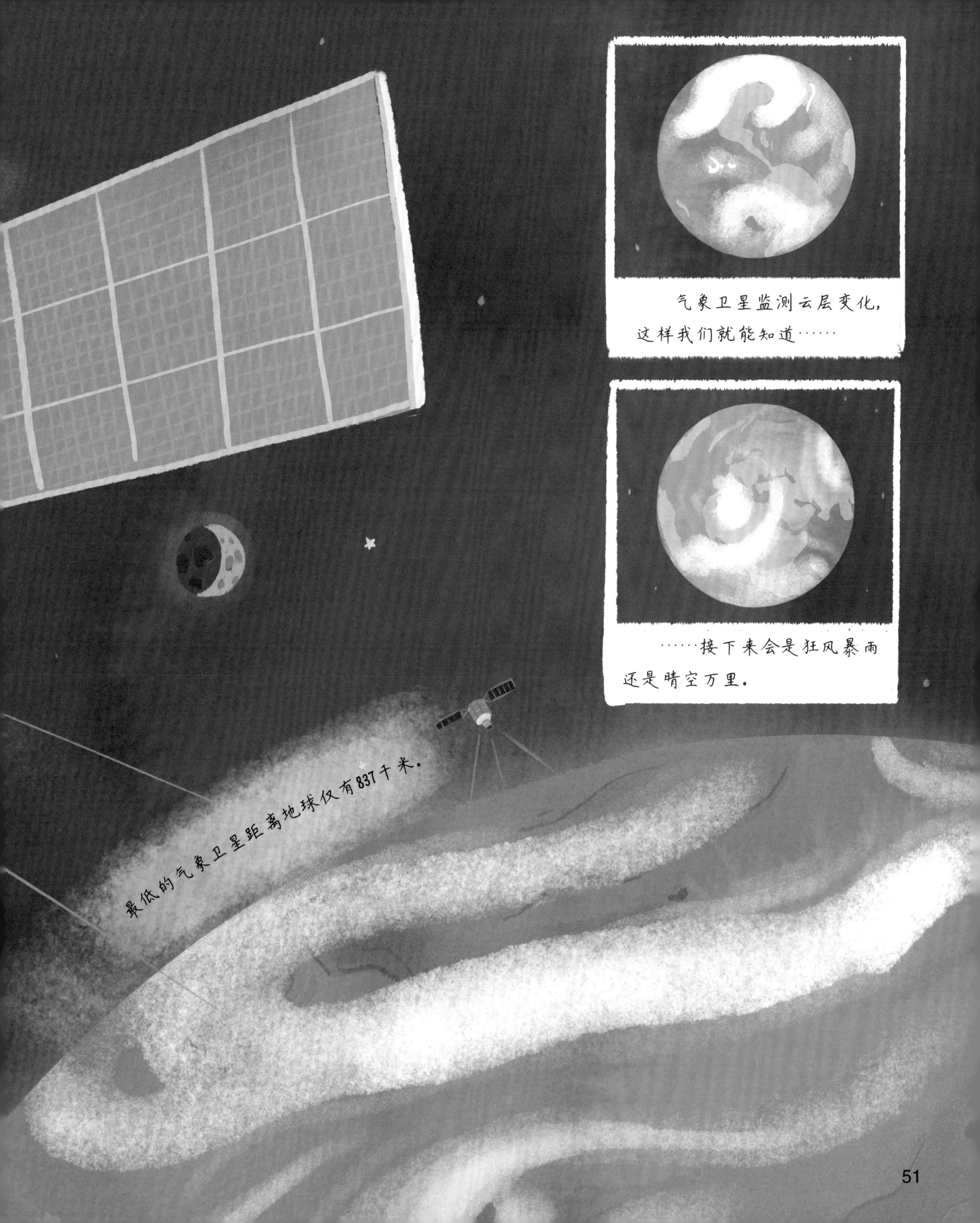
气象卫星监测云层变化，
这样我们就能知道……
……接下来会是狂风暴雨
还是晴空万里。
最低的气象卫星距离地球仅有837千米。

所以，不管天气怎样，我们都受到它的影响！

哇哦，你真的学习了不少有关天气的知识呢！现在你知道了云是什么、台风是怎样形成的、彩虹为什么是五颜六色的。

你也同样了解到，天气无处不在。风暴并不会因为移动到了某个国家的边境就停息下来，阳光也会不分国界地照耀着大地。这就意味着，不论生活在哪里，天气总会影响我们的生活。

你还知道了，人类活动正在导致气候变化。未来会怎样？是否会有更多的极端天气事件？这取决于我们每个人。夏日阳光明媚，秋日风吹落叶，冬日白雪皑皑，春日小雨如酥、繁花似锦，如果我们能善待这颗星球，便可以继续享受这美好的四季。

词语解释

北半球

赤道以北的部分。

北极

地球的最北端，也是北半球的顶点。

赤道

一条假想的线，环绕地球中部，将其分为南、北半球。

磁场

一种力场，本书指围绕并保护着地球的地磁场。

大气层

包围地球的一层气体，即常说的空气。

低压区

湿润、温暖气团控制的区域，常有云雨、风暴等天气。

地平线

很远很远的地方，天和地看上去相交在一起的那条线。

二氧化碳

空气中的一种气体，也是温室气体之一。

风力发电机

非常高大的、纤细的风车。风吹着它们的扇叶转动，由此产生电能。

干旱

很长时间不下雨的天气现象。

高压区

干燥、低温气团控制的区域，多为晴空万里、温暖和煦的天气。

海拔

地面上的某个点高出海平面的垂直距离。

洪涝

导致大水淹没陆地的灾害天气现象。

幻象

眼睛受骗的现象，指你所认为的自己看到的东西和真实情况不一样。

极端天气

比普通天气更危险、更具有破坏力的天气。

甲烷

空气中的一种气体，也是温室气体之一。

硫酸

一种含有硫元素的强酸。

南半球

赤道以南的部分。

南极

地球的最南端，也是南半球的顶点。

逆时针

与钟表指针转动相反的方向。

千米/时

一种速度衡量单位。

热浪

长时间的持续高温天气。

摄氏度

衡量温度的单位，符号为℃。

水蒸气

以气体状存在的水。当温度高于100摄氏度时，水便会变为水蒸气。

顺时针

与钟表指针转动一致的方向。

太阳能电池板

由特殊材质制成、能将阳光转化为电能的装置。

太阳系

八大行星（连同其他众多星体和卫星）共同围绕太阳公转所形成的天体系统。

卫星

被送入太空、绕地球飞行的机器，可以监测地球情况，与地球通信。

温室气体

大气层中可以截留热量的气体，像截留热量培养西红柿的温室一样。

洲

大块的陆地，有的被海洋分隔开。地球一共有七大洲。

社图号23037

Original Title: Whatever the Weather
Learn about the Sun, Wind and Rain
Written by Steve Parker and Jen Metcalf
Illustrated by Caroline Attia
Original edition conceived, edited and designed by Little Gestalten
Edited by Robert Klanten and Maria-Elisabeth Niebius
Design and layout by Emily Sear
Published by Little Gestalten, Berlin 2021
Copyright © 2021 by Die Gestalten Verlag GmbH & Co. KG
Simplified Chinese edition arranged by Inbooker Cultural Development (Beijing) Co., Ltd.

北京市版权局著作权合同登记图字：01-2023-1323 号

图书在版编目（CIP）数据

不管天气怎样 ：气象知识知多少 /（英）史蒂夫·帕克（Steve Parker），（英）珍·梅特卡夫（Jen Metcalf）著；（法）卡罗琳·阿蒂亚（Caroline Attia）绘；石淼译. -- 北京 : 北京语言大学出版社, 2023.6

ISBN 978-7-5619-6261-9

Ⅰ. ①不… Ⅱ. ①史… ②珍… ③卡… ④石… Ⅲ. ①天气—少儿读物 Ⅳ. ①P44-49

中国国家版本馆CIP数据核字（2023）第089261号

不管天气怎样：气象知识知多少
BUGUAN TIANQI ZENYANG：QIXIANG ZHISHI ZHI DUOSHAO

项目策划：阅思客文化　责任编辑：周　鹂　刘晓真　责任印制：周　燚

出版发行：北京语言大学出版社
社　　址：北京市海淀区学院路15号，100083
网　　址：www.blcup.com
电子信箱：service@blcup.com
电　　话：编 辑 部　8610-82303670
国内发行　8610-82303650/3591/3648
海外发行　8610-82303365/3080/3668
北语书店　8610-82303653
网购咨询　8610-82303908
印　　刷：北京中科印刷有限公司

版　　次：2023年6月第1版　印　　次：2023年6月第1次印刷
开　　本：889毫米 × 1194毫米　1/12　印　　张：5⅓
字　　数：58千字　定　　价：98.00元

PRINTED IN CHINA

凡有印装质量问题，本社负责调换。售后 QQ 号 1367565611，电话 010-82303590